SECRETUS THEOREMA

LUCIO MENCATELLI

S

corre laggiù, nero e spaventoso.

Ne avverto la voce, brutale e ripetitiva, contro le arcate del ponte, che cercano inutilmente di difendersi dalla sua furia. E' un suono lugubre, incessante. Mi sporgo dal muretto di cemento invaso dall'erba.

Da secoli quel fiume percorre la sua strada : nulla lo ha mai fermato. La sua corsa non ha ostacoli né avversari in grado di contendergli lo spazio.
La sua forza potrebbe accogliermi. Ed io non avrei più alcun problema.
Non più rabbia, non più paura, né sconforto, né delusioni o umiliazioni o tradimenti.
Perché è giunto il momento in cui vorrei fermare tutto il malvagio meccanismo che mi ha portato alla disperazione.

Come, tutto questo è iniziato ? E quando, è iniziato ?
Anni ? Mesi ? Giorni ?
Il Tempo è, nello stesso momento, una dimensione astratta e concreta.
L'Uomo si è sempre ostinato nel volergli dare una configurazione strettamente matematica,strumentale ai suoi scopi.

Ma il Tempo non è catalogabile : è tutto e niente.

Come poter dire che hanno il medesimo valore i dieci minuti che abbiamo passato con la nostra amata, e i dieci minuti che scorrono, lenti e infiniti, in attesa di un treno in ritardo?

Ma al punto in cui sono, è di nessuna importanza quale possa essere la verità circa questo aspetto. Questa è pura filosofia. Il mia vera preoccupazione è molto più concreta. Voglio cercare di ricordare quando tutto ebbe inizio. Purtroppo.

Sono un chimico . Al momento sto lavorando per una importante industria farmaceutica.

Non sono mai emerso con idee, ricerche, articoli pubblicati dalle riviste scientifiche più accreditate.

Non ho mai scritto tesi rivoluzionarie da presentare in qualche congresso .
Non ho offerto al giudizio dei "baroni" della medicina teorie brillanti o nuovi farmaci. Né frequento i circoli e le Università che contano. Sono uno qualsiasi.

Tutto questo, almeno sino a tre anni or sono. Ma andiamo con ordine.

In realtà, ciò che più mi attrae è dare risposte ai misteri, o al Mistero, di cui siamo parte.
Infatti, risolvere enigmi, rebus, cruciverba è una mia passione.
Ragion per cui, avrei la mentalità adatta per affrontare quel Mistero.
Con scarsa umiltà, riteniamo di aver scoperto tutti i segreti della vita, della Natura , della Fisica.
Ma, secondo me, abbiamo scoperto ben poco . Da dove veniamo ?

Qualcuno ci ha creati ? O siamo frutto del Caos ? Quali sono le leggi fisiche o chimiche che regolano la nostra Coscienza ? Quali sono le leggi che regolano l'Universo ?

Il 90 per cento della materia di cui è fatto l'Universo ci è ignoto.

Gli scienziati, quelli veri, la chiamano "materia oscura". E non perché sia nera, ma perché non ne conosciamo l'origine, la funzione, la composizione. A braccetto della materia oscura, passeggia nell'Universo anche " l'energia oscura". Anche in questo caso, non perché sia buia, ma perché siamo totalmente all'oscuro di che cosa si tratti.

Forte di queste incerte certezze (o incertezze certe) una mattina iniziai a pormi domande. E a cercare risposte. Forse perché la sera prima avevo mangiato pesante ? E' possibile.

E mentre , durante l'orario di lavoro , preparavo confezioni di anti-influenzali , anti-dolorifici, anti-gastritici e vari altri anti-, pensavo. La prima riflessione mi impegnò per diversi minuti (spero , in quel momento così coinvolgente, di non aver messo qualche pastiglia contro la stitichezza insieme alle confezioni di antibiotici)

Quale poteva essere la strategia migliore per affrontare il Mistero ?

Forse l'atteggiamento giusto sarebbe stato la grande fiducia nelle capacità del nostro cervello. In fin dei conti l'Uomo, grazie al suo ingegno, è riuscito a domare, nei secoli, la Natura sfavorevole, gli animali feroci, le carestie, le malattie più terribili.

Ma mi ricordai in quel momento di ciò che disse uno che certamente conoscete anche voi, di nome Gesù, che pur avendo tutte le potenzialità per essere vanitoso e presuntuoso, essendo figlio di Dio, dichiarò: <<Beati i miti e gli umili , perché erediteranno la Terra >>, e scelse di essere ultimo tra gli ultimi.

Chi ero io , per affrontare il Mistero con superbia e arroganza ?

Così , cominciai a osservare e a studiare il Mondo e le opere dell'Uomo con molta umiltà. Anche perché , pur non pretendendo di ereditare la Terra, non mi dispiacerebbe un piccolo lascito , possibilmente in denaro.

I ricordi svaniscono all'improvviso. Il passato vola via come nebbia. Mi confronto di nuovo col presente.

Siedo sulla panchina di fronte all'acciaccato parapetto del ponte.

Il sole , laggiù , lancia i suoi ultimi fiammeggianti saluti prima di coricarsi dietro le montagne.

Il parapetto sembra invitarmi a spiccare il volo definitivo. Ma prima di decollare, voglio sapere.

Dove , come, quando ho sbagliato ?

I ricordi riprendono vigore.

Riavvolgo il nastro della mia vita.Quel giorno , l'ansia del sapere divenne inarrestabile. Non poteva essere placata dalle asserzioni di scienziati e studiosi di fama, i quali attribuivano (e attribuiscono) la nascita del Mondo, con la sua perfezione e la mirabile Bellezza degli esseri viventi e della Natura, alla pura Fortuna, al contemporaneo verificarsi di una serie di condizioni fortuite, indispensabili affinché la Terra non diventasse un ammasso inerte di rocce terribilmente fredde o terribilmente calde, e inabitabile come tutti gli altri pianeti conosciuti.

Per cui, mi diedi alla consultazione di ogni genere di libri.

Dove iniziare , se non da un libro dedicato alla pittura, luogo dove la Bellezza doveva essere stata osservata in tutti i suoi aspetti ?

Quadri del Rinascimento italiano, opere di pittori fiamminghi, affreschi medievali, tele di "impressionisti".

Quel libro, più che risposte, mi fornì altri interrogativi.

Che cosa rendeva istintivamente così attraenti quei quadri ?

L'unica risposta che trovai fu che erano belli. Ma quella, essendo una non-risposta, provocò un'altra inevitabile domanda : perché erano belli ?

Così , quella sera, telefonai ad un amico, esperto di arte.

Probabilmente, la telefonata lo colse nel bel mezzo della migliore dormita della sua esistenza, considerando la sua reazione.

<<Ciao, carissimo !....Come te la passi ?>> esordii giulivo.

<<Non male, prima della tua telefonata...Ma lo sai che ore sono?>>, rispose , assai impastato.

<< Devi sapere, carissimo, che il Tempo è una dimensione provvisoria ... la notte e il giorno sono una nostra inven-zione..>>,replicai , cercando di placarlo. E peggiorando le cose.

<< Sarà...ma solitamente, la notte, le persone dormono. Ora che mi hai svegliato, devi convincermi che non hai necessità di un ricovero urgente presso il più vicino reparto di psichiatria...Avanti , provaci un po'!>>

<<C'è una domanda che mi tormenta...Che cosa è che rende bello un quadro ?>>

Trascorsero eterni secondi. Ritengo che , in quel breve lasso di tempo, quel mio amico si avvalse dell'ampio lessico di cui disponeva, per inviarmi telepaticamente tutta una serie di inviti ad andare in luoghi alquanto volgari e ineducati. Ma si trattenne, faticosamente, dal citarmeli apertamente.

<<Una domanda molto coinvolgente. Soprattutto a notte fonda...

Diciamo che potrebbe essere l'originalità, o la efficace disposizione dei colori, l'effetto cromatico generale, o la rispondenza con l'immagine reale, oppure la serenità che emana.. Oppure cento altri elementi.. Che ne dici se ne parlassimo più diffusamente domani ? Sarebbe una buona idea ? Tu che ne pensi ? >>

<<Ti ringrazio...mi sei stato di aiuto..Torna pure a dormire. Domani ti pagherò la colazione>>
Avevo percorso un primo passo.

Il passo successivo fu una famosa galleria d'arte, ove erano in mostra opere di allievi della scuola di Leonardo e di Raffaello. Lì , avrei potuto osservare dettagliatamente bellissimi quadri nella loro reale conformazione, e quindi tutt'altra cosa da ciò che avrei potuto vedere in una bella ma comunque inadeguata copia fotografica.

Appena superato il fastoso accesso, il direttore della Galleria mi inquadrò dalla testa ai piedi, immagino non valutando la mia persona, quanto la mia capacità di spesa (per capirci meglio, la potremmo definire una TAC finanziaria eseguita con lo sguardo). *Forse ritenne , fallendo clamorosamente, che fossi uno di quei ricconi che comprano quadri assurdi solo perché sono di moda, oppure nella speranza di rivenderli ad altri ricconi con un congruo sovrapprezzo.*

Per cui, mi accolse, ossequioso come non mai.

<<Buongiorno, signore....Intuisco che , avendo fatto visita alla mia modesta Galleria d'arte, che peraltro è la migliore della città, lei sia un valente intenditore ...ma prego, si accomodi ..>>

Percorremmo un lungo corridoio, riccamente illuminato. I precisi giochi di luci illustravano diecine di tele di varia dimensione, con cornici decorate da stupendi intarsi.

Non sono un esperto, ma potei riconoscere quadri di impressionisti francesi, qualche opera cubista.

E in fondo al sontuoso andito, erano esposti i quadri che volevo esaminare.

Avevo veduto, in vari libri, opere di Leonardo e di Raffaello. Quei quadri , pur non eseguiti da essi ma da loro allievi, riflettevano la visione e gli insegnamenti di quei maestri. Non ho frequentato corsi all'Accademia, ma non potevo non apprezzarne la piacevolezza : fu una reazione istintiva.

Era quella , la domanda che mi tormentava: perché, inconsciamente, li giudicavo bellissimi ?

<<Venga... le faccio ammirare qualcosa di stupendo...>>

Seguii il solerte gallerista. Chissà cosa mi avrebbe mostrato.

<<Osservi attentamente quest'opera meravigliosa...non ho dubbi che lei sia venuto qui appositamente per vedere questo capolavoro...>>

Davanti a me, c'era una immagine inumana e incomprensibile. Triangoli e rettangoli collocati confusamente, in un cumulo di colore, contenenti enormi occhi con ciglia altrettanto enormi.

<<Non ci sono parole per descrivere tanta raffinatezza....Osservi..terribilmente originale il flusso cromatico che cattura la luce...E queste esemplari, sintetiche forme geometriche che esprimono l'emozione dell'artista ?

Tutti i suoi sentimenti traslano impeccabilmente dal suo animo e si immergono nella tela in una fusione incomparabile...Quanto vigore !

Quanta acutezza di ingegno ! ...Non le pare ? Io rimango estasiato quando guardo questa tela...Un artista destinato inevitabilmente a rivalutarsi in poco tempo verso dei valori di mercato stratosferici. Ne sono sicuro!>>

<< Lei ha proprio ragione , sa' ? Ho subito notato queste forme così armoniose >>, risposi.

Sono un buono. Non volevo deluderlo. Se gli avessi detto quello che pensavo veramente di quel quadro, sono sicuro che si sarebbe lasciato andare a un pianto irrefrenabile : la verità vera è che non lo avrei portato a casa nemmeno se me lo avesse regalato.

Cosa che, comunque, era totalmente lontana dalle sue intenzioni. Infatti, disse :

<< Guardi....non so' per quale motivo , ma lei mi è simpatico..Solo perché è lei, mi intenda bene, glielo offro al prezzo fantastico di 50000 euro...>>

<<La ringrazio...ci penserò. Intanto, se me lo permette, vorrei esaminare qualche tela delle scuole di Leonardo e Raffaello che ho visto esposte>>

Lui accennò ad un lieve gesto di stizza, che dissimulò rapidamente. Fu solo un momento di debolezza, poi riprese il pieno controllo di sé e tornò ossequioso.

<<Ma certo, signore... si accomodi.. guardi e studi tutto quello che le piace, ma si ricordi della mia offerta, mi raccomando. Non la potrò mantenere a lungo. Ho tutta una serie di clienti che , potrei dire in senso buono, mi infastidiscono giornalmente per quel quadro meraviglioso...>>

<<Le assicuro che valuterò la sua generosa offerta>>.

Finalmente, rimasi solo e potei osservare da vicino i quadri che mi interessavano.

Studiai i volti delle persone ritratte. Erano perfetti. Così come erano perfette le dimensioni e gli scenari alle loro spalle.

Tutto bellissimo. Quale era il segreto ? Ma poi, c'era un segreto, oppure erano tutte mie fantasie ?

Presi nota delle mie impressioni e me ne andai, salutando cordialmente l'alacre gallerista. E lasciandogli qualche vana speranza.

Sono ancora seduto sulla panchina. I ricordi se ne sono andati.

Le prime avanguardie della sera procedono velocemente nel cielo.

L'azzurro ora consente al blu più intenso di avanzare.

Avverto una lieve sensazione di freddo.
La città , come impaurita dall'approssimarsi del buio, accende rapidamente tutte le sue migliaia di luci.
Gli ultimi lavoratori terminano il proprio turno e si avviano verso la loro casa.

Mi sento solo.
Anche perché , in questo momento , sono effettivamente solo.
L'unica compagnia è rappresentata dal parapetto scorticato dal tempo , che ho davanti a me. E dal fiume .
La sua voce imperturbabile si fa sentire tra le arcate.
Sembra invitarmi a raggiungerlo.
No.
Non voglio.
Non è il momento.
Mi rituffo nella memoria.

*A*vevo percorso un primo passo verso il Mistero . In quale ambito della umana condizione avrei potuto salire un altro gradino ? Secondo il risultato delle mie meditazioni , dovevo cercare ancora la Bellezza. Essa era parte essenziale del Mistero.

Dove l'avrei potuta trovare ?

Nella scultura , ad esempio.

La persona che sapeva, era lui .

Quel professore era acclamato come uno dei più dotti conoscitori di arte,contemporanei.

L'uomo frequentava assiduamente il palcoscenico televisivo. Non disdegnava la ribalta.

E' mia opinione (ma può essere sbagliata) che venisse invitato non perché colto e preparato sulla materia, ma, piuttosto, perché, implacabilmente, ad un certo punto del programma, creava le condizioni per un improvviso, potente rialzo degli ascolti. Ciò grazie alla delicatezza e soavità con cui si confrontava con l'interlocutore di turno, con frasi tipo :<< Lei è un cretino ! Perché parla ? Uno come lei non dovrebbe avere il diritto di parlare ! Lei non ha mai capito niente ! Vada a vangare ! Io me ne vado ! Basta!>>, e via dicendo.

L'impennata degli ascolti era sicura e così il ricavo dai correlati spot pubblicitari.

Il conduttore fingeva di essere inorridito per tanta maleducazione, mentre rideva dentro e , non visto, si fregava le mani con soddisfazione.

Lasciando da parte questi frequenti intermezzi , l'uomo sapeva quello che diceva. Potei rivedere, grazie ad Internet, alcune sue trasmissioni.

In una di queste l'argomento era una statua dell'antico scultore Policleto, che veniva citata come esempio di Bellezza creata da mano umana,

Osservando una riproduzione di quell'opera , percepii che cosa intendesse dire : in quella statua vedevo una totale armonia delle forme. Era un elemento da tenere a mente : l'armonia.

Tutta questa mia attenzione verso la Bellezza e il Mistero, era inversamente proporzionale a quella che impegnavo nel mio lavoro.
Era inevitabile che, prima o poi, la cosa non sarebbe sfuggita al mio capo.
Così, un giorno, ricevetti le sue sentite congratulazioni :
<<Lei pensa che il sontuoso stipendio che percepisce, le venga attribuito perché è simpatico ?
Lei è qui per lavorare !
Se non le piace il lavoro che sta eseguendo, può trovarsene un altro!
Nessuno la trattiene !
Mi ha capito ?
Questo è il primo avvertimento, cui non ne seguirà un altro !
Chiaro ? >>

In quel momento , maledii tutta la Bellezza e tutti i misteri dell'Universo. D'altra parte , dovevo pur mangiare e lo stipendio (non sontuoso) me lo consentiva. Quindi, abbandonai per un periodo le mie ricerche e mi concentrai su antidiuretici, anticoncezionali, antidiarreici e così a seguire.

*S*ono nuovamente tornato al presente.

La notte cupa e profonda sta velando il mondo intorno a me.

Rari passanti , rannicchiati nei loro abiti, scorrono davanti alla mia panchina, lanciandomi sguardi fugaci e interrogativi.

Il parapetto sembra stanco di guardarmi da ore, lì, seduto come una mummia.

Ho come la percezione che stia parlandomi : << Allora ? Che fai ? Ti tuffi o no ? Non posso mica aspettare tutta la notte ! >>

Tranquillo, parapetto. Non avere fretta : devo ancora rivedere il nastro degli ultimi due anni e mezzo.

Dunque, dove eravamo rimasti?

Ah, ecco.

Ricordo che cercai di trovare il passo successivo che dovevo percorrere, riflettendo su quanto avevo compreso e scoperto sino a quel momento.

Ero arrivato a collegare la Bellezza con l'Armonia.

Stabilii arbitrariamente che questi due elementi dovevano essere parte importante del Mistero dell'Universo.

Stavo affrontando un enigma composto da un gioco di problemi in sequenza che, non appena affrontati, davano luogo a nuovi ostacoli da superare.

Era una ascesa verso la Verità , irta di incognite : come la dovevo affrontare ?

"Beati gli umili, perché erediteranno la Terra ". Così aveva detto Gesù.

Questa doveva essere la giusta strategia. Se ad ogni passo vittorioso , avessi alimentato la mia vanità, sarei potuto finire in un labirinto mentale che poteva portarmi alla pazzia.

Dunque, avevo aperto la porta dell'Armonia . Il ragionamento conseguente fu che non vi era nulla di più armonioso della Musica.
Avrei letto tutto il possibile sui più famosi compositori.

Nel frattempo, nei momenti di riposo,lavoravo nella multinazionale di prodotti farmaceutici di cui sopra (ormai il mio vero lavoro era il Mistero dell'Universo).
Il mio capo non mi perdeva di vista un secondo.
Forse voleva cogliere l'occasione per sbattermi fuori, ma non gliene diedi l'opportunità: facevo molta attenzione a inscatolare gli antinfluenzali,gliantiallergici, gli antiasmatici eccetera nelle rispettive confezioni.
"Caro capo, non riuscirai a fregarmi", pensavo.

Dovete sapere che intrattenevo (e, forse, intrattengo ancora) un rapporto di affettuosa amicizia con una giovane donna.

Periodicamente, attraversavamo momenti di difficoltà, ma poi, infine, l'amore trionfava sempre.

Perché ci comprendiamo, senza bisogno di molte parole : la verità è questa.

In quel periodo, in cui ero dibattuto tra la soluzione dell'enigma dell'Universo e le confezioni di antibatterici, anticarie eccetera, lei capì , comprese subito le mie angosce.

Infatti una sera, mi disse :<< Ti amo , lo sai ?...Ti amo tanto...mi piacerebbe stare tanto tempo con te..(pausa di due secondi) Non parli? Cos'hai , amore ?(pausa di un secondo e mezzo)...Non mi vuoi parlare ? Cosa ti ho fatto di male?

(pausa di un secondo scarso)..Mi tradisci ,vero?...Io faccio tutto per te ..perché sei così malvagio ? (pausa di mezzo secondo) Se non mi vuoi più bene dimmelo in faccia ! (pausa di trenta decimi di secondo) Mi fai schifo !(nessuna pausa) Non ti voglio più vedere ! Hai capito ? Ti odio tanto ! >>

Da quel momento non la vidi per settimane. Cercai di telefonarle , ma lei , in maniera disarmonica (tanto per rimanere in tema) mi mandò più e più volte a quel paese (non vi dico quale per educazione).

Comunque , alla fine, l'amore trionfa sempre (spero).

Avendo più tempo a disposizione, ebbi la possibilità di proseguire l'ascesa verso il Mistero.

Dunque , ero arrivato ai segreti della Musica. Lessi attentamente la biografia di Mozart . La sua musica era considerata magica. Ascoltandola , in effetti ,avvertivo sensazioni indefinibili.   Provai le medesime sensazioni ascoltando la musica di una famosa band inglese degli anni 80/90. Quanto di più lontano ci potesse essere da Mozart.

Ma la percezione di armonia e di bellezza era la medesima.

C'era un legame tra le due espressioni artistiche ?

Andai oltre.

I violini creati dal maestro liutaio Stradivari sono dei pezzi unici che valgono milioni. Perché il suono che producono è inimitabile.

Un segreto inviolato si nasconde in quei perfetti involucri di legno. Quale poteva essere ?

Ancora un gradino da ascendere .

Bellezza, Forma, Armonia, Musica.

C'era una relazione tra esse.

E se l'avessi scoperta , mi avrebbe aperto le misteriose Porte del Creato .

Avevo molto bisogno di dormire ,
ma la passione (sarebbe meglio
definirla ambizione) per quella
ricerca mi divorava, mi bruciava
dentro : forse sarei divenuto colui
che avrebbe trovato le risposte che
l'Uomo cercava da millenni.
Quale doveva essere il mio passo
successivo ? Dopo la Bellezza, la
Forma , l'Armonia, la Musica che
cosa dovevo affrontare ?
Ciò che più ne era contiguo non
poteva essere che la Poesia.
Una affermazione che avrei potuto
verificare nel Passato, forse nel più
lontano Passato. Non nel Presente.
E infine trovai ciò che cercavo.
Alcuni studiosi avevano valutato
che le Bucoliche di Virgilio e le odi di
Quinto Orazio Flacco, il grande
poeta latino, avevano una metrica
speciale, simile ad una melodia.
Una cadenza armoniosa, simmetrica.

Avevo individuato un'altra relazione misteriosa tra le cose umane?

Le pagine dei libri che avevo sotto gli occhi divennero tipo" nebbia in Val Padana". Nella mente mi roteavano mille immagini : Virgilio che correva insieme a Orazio, e tutti e due che inseguivano Mozart , Stradivari e Leonardo, i quali avevano un bel vantaggio ma stavano perdendo terreno.

Un suono stridente, indecoroso , mi penetrò nelle orecchie e cancellò tutti i sogni .

Mi ero completamente assopito sui libri.

E la sveglia aveva dato il suo ultimatum : con la sua voce così poco armoniosa, mi stava comunicando che se non mi affrettavo, avrei salutato per sempre antibiotici, antidepressivi, anticrittogamici eccetera. E ,con essi, lo stipendio (non sontuoso).

Ricordo che scesi le scale alla velocità della luce, rischiai almeno dieci verbali con annesso ritiro patente, sfiorai tre omicidi stradali.

Ma arrivai in perfetto orario al lavoro.

Il mio capo mi guardò, sentitamente dispiaciuto. Aveva in mano un foglio che , presumo, fosse la mia lettera di licenziamento. Che fu costretto,suo malgrado, a rimettersi in tasca.

Lo stavo cordialmente odiando. Così come stavo cordialmente odiando i miei colleghi di lavoro. Gente che non vedeva l'ora di fare la spia per guadagnarsi un po' di ascendente (e un po' di carriera) a buon mercato.

Il ricordo di quella notte (e di quella mattina) mi riporta al presente.
E il presente è , al momento, notte.
Di mattino non si vede traccia. Il Sole è ancora a dormire alla grande.

Le poderose luci artificiali della città si sono affievolite. Forse anche loro hanno bisogno di dormire.

Il parapetto in cadente cemento armato (spero non si offenda) è sempre davanti a me, attonito e in fremente attesa delle mie decisioni.

Il fiume continua a scorrere, come sta facendo da millenni, incurante dei miei dubbi e dei miei problemi.

Improvvisamente, lo scenario si anima di un nuovo elemento. Alcuni passi frettolosi.

Una persona si sta muovendo verso me.

Capelli lunghi. Barba folta.

Che sia un "alternativo"? Uno di quelli che protestano contro tutto e tutti e distruggono le vetrine dei "ricchi borghesi", però guai a togliergli il telefonino ultimo modello, oppure le scarpe e il giubbotto alla moda?

Si avvicina, ora più cautamente.

Mi guarda.

Ognuno di noi due cerca di capire con chi ha a che fare.

Poi, lui parla.

<<Polvere ? Fumo ? Acido ? Pasticche ? Tutto a prezzi estremamente modici ...>>

Gli vorrei dire :" Guardi, signor alternativo, mi dispiace per lei e per i prodotti che sta cercando di collocare sul mercato, ma sto' per buttarmi dal ponte ".

Invece , mi sorge il desiderio di offrirgli un disinteressato consiglio:

<<Perché non vai a vangare ? Ci sono tanti terreni incolti che ti stanno attendendo a braccia aperte!>>.

Lui mi fissa con sguardo interrogativo, come se avessi parlato in lingua mongola. Però riesco a intuire la sua risposta a livello telepatico :" A vangare io ?

Ma io sono un alternativo, mica un contadino ".
Indi, gira i costosi stivaletti e se ne va.

Dopo questo incontro così conturbante, i ricordi si fanno nuovamente strada.

Dove eravamo rimasti ?

Ah, si . Armonia, Simmetria. Per assonanza,o per parentela lessicale, la parola "Simmetria" mi evocò una possibile relazione con la Geometria.
Non vi era nulla di più geometricamente armonioso e nel

contempo , più misterioso e affascinante delle Cattedrali gotiche, erette nel lontano primo Medioevo. Costruzioni realizzate con precisione millimetrica, ad altezze paragonabili quasi ai nostri grattacieli. Con l'importante differenza che si tratta di opere edificate con mezzi assai rozzi e primitivi. Costruirle oggi ,non sarebbe semplice, malgrado le attrezzature di cui disponiamo.

E la maggior parte di esse ha resistito a tutti gli assalti del Tempo, della Natura e degli uomini, sino ad arrivare a noi.

Esse sono un punto interrogativo della Storia.

Mi tuffai nello studio di quelle architetture, avvalendomi di libri, fotografie , ricostruzioni di modelli, disegni.

Quale segreto celavano ?

Avevo percorso un cammino : Armonia, Simmetria, Geometria.

Grazie ad esse stavo compiendo un altro passo verso la soluzione dei misteri dell'Universo ?

Nei giorni seguenti , andai oltre.

Penetrai ancora di più nel buio del nostro passato.

Il Partenone di Atene.

Geometria sublime della Forma.

E oltre ancora.

Le Piramidi dell'Antico Egitto.

Insegne eterne di mirabile perfezione geometrica.

Edifici ben famosi. Ma dei quali conosciamo niente , o quasi.

Abbiamo solo ipotesi.

A che cosa servivano ? Come furono costruite ? Che cosa nascondono ?

Sono le chiavi per aprire le porte del Mistero dell'Universo e di Dio ?

Ero a un passaggio fondamentale .

L' Armonia, la Bellezza, la Perfezione erano entità astratte ?
Potevano essere misurate, e con questo ricondotte in una dimensione reale, tangibile, comprensibile scientificamente dall'Uomo ?
Trovare una relazione tra l'Astrazione e la Realtà, tra lo Spirito e la Materia , poteva significare capire i segreti del Creato e del Creatore.

Stavo camminando su un filo sottile, sopra un abisso mentale di cui non conoscevo il fondo.
Da un lato c'era la Verità infinita. Dall'altro , la Follia, la ricerca inutile di risposte a domande che esulavano forse dalla capacità di comprensione dell'Uomo.
Il mio , poteva essere un cammino vano e presuntuoso, motivato solo dall'ambizione.

Oppure , poteva essere la soluzione a tutti i dubbi che l'Uomo da sempre si pone : da dove veniamo ? Siamo stati creati ? E da chi, siamo stati creati ? Quale è il nostro destino ?

"Beati gli umili, perché erediteranno la Terra ".

Così aveva detto Gesù.

Dove era il confine tra la consapevolezza dei limiti umani, e il mondo di sconosciuti Misteri che esistono al di là di quei limiti ?

Pregai , chiudendo gli occhi, che Gesù mi camminasse al fianco.

Li riaprii la mattina successiva, solo grazie all'indispensabile supporto della sveglia. Senza di essa, probabilmente avrei dormito una settimana .

Ritengo , quella mattina, di aver stracciato ogni record.

Riuscii a lavarmi, farmi la barba, ingoiare la colazione, e vestirmi, in assoluta contemporaneità.

Come ci sia riuscito rimarrà per sempre un mistero, non misurabile da mente umana.

A seguire, affrontai con l'auto, contro-mano, un paio di strade. E le altre , le bruciai superando la barriera del suono : una cosa poco armoniosa. E per nulla simmetrica.

Ma arrivai al lavoro in perfetto orario.

Il mio capo, dopo essersi lasciato andare ad un palese gesto di stizza, rimise ancora una volta in tasca la mia lettera di licenziamento.

*E*ro vicino alla meta. Ne
avvertivo la presenza.
Ma quegli ultimi passi mi costarono
una enorme fatica.
No.
Non è esatto.

Mi costarono enorme fatica , e, inoltre, mi costarono lo stipendio (non sontuoso) di un mese.

Accadde perché volli telefonare al mio amico esperto di arte.

<<Ciao, vecchio... Come ti va ? Tutto bene ? E' un piacere risentirti!>>, esordii così, con un atteggiamento estremamente affettuoso, volto ad accentuare il sentimento di profondo cameratismo che ci legava.

La sua replica fu di rigorosa, encomiabile linearità :

<<So che hai bisogno di qualcosa da me.Quindi dimmelo, senza bisogno di partire da così lontano>>.

Nel linguaggio della diplomazia, lo si potrebbe definire un " colloquio franco ma cordiale".

<<La tua acutezza di ingegno è senz'altro superiore alla media >>, risposi , cercando invano di lisciargli un po' il pelo <

svolgendo una fondamentale ricerca, coperta dal più stretto riserbo, per conto di una Università americana>>. Una menzogna spudorata, per cui recitai nel contempo un paio di Ave Maria, per consentire a Chi di dovere di assolvermi, ove mi avesse sentito.

<<Avrei bisogno del tuo aiuto. Ma si tratta veramente di poca cosa, non ti preoccupare.>>

<<Questo lo avevo intuito.

Prosegui >>

<<So che tu hai buoni rapporti con i proprietari di quella biblioteca privata...Sai, quella dove sono depositati rarissimi manoscritti, incunaboli e volumi risalenti al Medioevo....>>

<<Ho capito.

Toglitelo dalla testa.

Non se ne parla nemmeno>>

In linguaggio diplomatico, lo si sarebbe definito " un colloquio breve ma intenso, dove le due parti hanno posto le premesse per un accordo ”

<<Ti prego ...>>, mi genuflessi virtualmente davanti al telefono <<Ne ho assoluta necessità. Ne va della mia carriera e della mia esistenza..>>. La recita assunse risvolti decisamente drammatici.

Trascorse un eterno minuto.

Dall'altro capo del filo , non si stava manifestando alcuna replica.

Un segnale positivo ?

<<Guarda...Solo perché sei te, proverò a farti ottenere un permesso. Ma in cambio voglio qualcosa >>

In un impeto di gioia, mi lasciai andare: << Dimmi pure... qualunque cosa mi va bene>>

<<No. Non voglio qualunque cosa. Semplicemente, mi pagherai un pranzo in quel ristorante...Sai, quello in pieno centro storico ?>>

"No ...qualunque cosa ma non quella ", pensai, affranto.

<< Di quale ristorante stai parlando ? Quello dove fanno i pranzi di lavoro a 10 euro tutto compreso ? Va bene ! >>

<<No.. sto' parlando dell'altro.. quello a fianco...Dove ha pranzato la regina Elisabetta, il presidente degli Stati Uniti, la Cancelleria tedesca...quello bellissimo ...>>

Ebbi un mancamento.

<<Ah, ma certo ! E che problema c'è! Se è solo per così poco puoi prenotare ! >>

<<Prenoto per domani >>

<<Così presto ?...>>

Un colloquio fruttuoso e positivo (termini diplomatici).

E il conto in banca in profondo "rosso" (termini finanziari).

*E*bbi *l'ambìto permesso. Non*

prima di aver firmato un malloppo
di dichiarazioni, manleve, garanzie,
fideiussioni, attestati, contratti,
postille .
Ma, infine, esso fu nelle mie mani.

L'edificio dove aveva sede la biblioteca era una struttura risalente agli inizi del 1700.

Balconi severi protetti da inferriate con belle elaborazioni che imitavano arbusti e fiori.

Grandi finestre protette alla vista da colorati tendaggi.

Intonaco tendente ad uno smorto rosaceo.

I proprietari, quelli in carne ed ossa, erano sconosciuti.Tutto era demandato ad una Fondazione, governata da una Fiduciaria, amministrata da un Trust, di proprietà di una società Off-shore, domiciliata presso una banca con sede in una isoletta dispersa nei Caraibi.

Certamente, voi avrete capito tutto l'arcano che si nascondeva dietro tutta questa manfrina amministrativa, vero?

Si ? Beati voi.

Per quanto mi riguardava, la cosa era più oscura di una notte senza luna, dentro una cantina buia e con un cappuccio in testa.

Ma, in fondo, la faccenda mi era del tutto indifferente.

Avevo ben altri obiettivi che non fossero quelli di indagare sulla opacità di eventuali comportamenti poco onesti, che in ogni caso sarebbero stati puniti assai severamente, tipo una angosciosa convocazione dal crudele giudice il quale avrebbe così ammonito il malcapitato colpevole : << Oggi, sei stato molto cattivo. Hai frodato lo Stato e hai riciclato qualche miliardo. Per cui questa sera, niente televisione, niente cioccolato, niente partita alla playstation, niente messaggini alla morosa. E niente giornalini a fumetti !>>

Terribile ! Il reo ne sarebbe uscito distrutto.

Ma torniamo a noi.

Mi trovavo dinnanzi all'entrata.

L'enorme , soverchiante mole del portale in legno massiccio stava per accogliermi.

La fredda voce del citofono mi intimò di dichiarare le mie generalità.

Attesi. I minuti scorsero ,infiniti.

Poi, come mosse da diabolica magia, le grandi ante si aprirono lentamente.

Davanti a me , un fosco corridoio, arredato di quadri e statue , e protetto da un morbido tappeto.

L'ambiente non poteva che incutere soggezione.

Invece, la massiccia guardia armata che trovai al termine del percorso incuteva solo paura.

<<Buongiorno, signora guardia>> dissi,educato, sorridente e aperto all'incontro con gli altri.

Nessuna replica.Forse la signora guardia era sorda?

Avvertii comunque un mugolio, o altro fonema di difficile decifrazione.

L'uomo, di così notevole cordialità, mi fece cenno di seguirlo.

Scendemmo due, tre rampe di gradini malamente illuminati.

Poi , un robusto cancello di acciaio.

Il rumore stridente della serratura si diffuse più volte contro le pareti, provocando un'eco sinistra.

<<Ha tempo un'ora a partire da adesso >>, mi annunciò, amichevole quanto un dobermann .

Alla luce fioca di lampade velate dalla polvere, apparvero immensi scaffali.Vi erano volumi antichissimi, di ricchezza inestimabile. Precisi comparti dividevano i libri per vari argomenti.

Religione, scienza, alchimia, storia, poesia, magia.

Roba da rogo immediato, ai tempi dell'Inquisizione.

Mi ero preparato un piano studiato attentamente.

Secondo le mie teorie, considerando il cammino che avevo percorso sino a quel momento, avrei dovuto cercare in una sola sezione: "Matematica".

Essa doveva essere il passo finale.

Dovendo trovare la misura umana del Mistero, che cosa, se non la matematica, poteva servire allo scopo?

Preziosi testi in carta pecora, faticosamente trascritti a mano da frati certosini, indubbiamente armati di santa pazienza.

E manoscritti decorati e dipinti da artisti amanuensi.

Poi, le prime stampe rinascimentali.

"L'arte de l'Abbacho", di autore anonimo, "Liber Embadorum" di Abraham Ibn Ezra, vari testi della "Kabala" ebraica.

Vi erano volumi che trattavano in unico insieme, problemi di religione, geometria, algebra, alchimia, magia, architettura.

Avvertivo di essere vicino alla meta. Un esemplare del "Liber Abaci", del matematico Leonardo Fibonacci.

Una preziosa copia del libro "De Divina Proportione", di frate Luca Pacioli.

Estrassi cautamente i due volumi.

Tra i due testi, era celato un piccolo libro di poche pagine. Qualcuno aveva forse voluto indicare una strada all'ignoto ricercatore? Solo chi era animato da puro discernimento avrebbe potuto trovare quell'insignificante carteggio tra volumi di immenso valore.

La stampa era incerta, l'autore ignoto, così come la data ed il luogo dell'edizione.
Era redatto in lingua latina,il titolo alquanto enigmatico :

SECRETUS THEOREMA

*L*o scorrere perpetuo del fiume
mi riporta al presente.
La Notte è sempre padrona, ma , a
oriente, nel cielo, una limpida luce
come di trasparente zaffiro
annuncia l'imminente cambiamento.

Il Mondo sta per destarsi, si stiracchia, sbadiglia, vorrebbe rituffarsi sotto le coperte. Ma non può più farlo.
Le strade, cautamente , si ripopolano di veicoli e di umani.
La luce artificiale affievolisce ancora. Tra non molto , avrà terminato il suo compito.
La vita riprende i suoi riti quotidiani.

Il fruscìo di una fugace presenza , vicino a me, mi distrae da cupi pensieri.
<<Io essere povero negro. Venire dal Burundi. Non conoscere lingua.
Avere dieci figli e tre mogli da mantenere. Tu dare soldi a me per comprare pane ? >>
Lo guardo e mi commuovo.
Lui lotta per vivere. Io lotto per morire.

<<Tenete , buon uomo, questi non pochi danari, affinché possiate essere felice.

Immagino quanto desideriate riprendere la via del ritorno, verso la vostra amata magione, giù , nel Burundi >>

Lui guarda emotivamente coinvolto la somma che gli ho elargito. Poi replica:

<<Lei è uno dei più grossi tirchi del comprensorio. Immagino lei sia figlio di genovesi, oriundi della Scozia.

Ci vada lei, nella magione del Burundi ! Io sto bene in Italia.

Mangio gratis, l'ospedale è gratis, i trasporti pubblici sono gratis, la scuola è gratis, il telefonino è gratis, il vestiario è gratis, di tasse neanche a parlarne. Chi se ne frega del Burundi !

Piuttosto, secondo le teorie della distribuzione del reddito, lei mi dovrebbe elargire una parte più consistente dei suoi averi !>>

Sconcertato, ma solido nei miei ideali, replico :

<<Forse sarò un po' tirato , tirchio, avaro, ma non sono ricco. Mi dispiace>>

Dopo avere proferito invettive contro la società moderna, si gira e se ne va, enunciando inoltre alcune frasi sanguigne e irripetibili nei miei confronti.

Che dire ?

Quali altri coinvolgenti incontri mi offrirà questa notte interminabile ?

Mi chiudo in me stesso, inquieto, e torno a rievocare il mio recente passato.

*R*icordo la mia mano tremante,

accarezzare quel libro.
Sollevai delicatamente la preziosa
copertina.
Una breve prefazione in latino :

HOC EST SECRETUM DEI.
HOC EST LEGEM DEI.

EST REGULA ET MENSURA
TOTIUS UNIVERSI, EX MAXIMA
SIDERA AD MAGIS PARVUM
ATOMUS.
HOC EST DEMONSTRATIO
EXISTENTIAE DEI.

Il cuore ebbe un sussulto, e poi sembrò incapace di proseguire, anche se,evidentemente ci ripensò, considerando che sono ancora vivo e vegeto.
La mia conoscenza del Latino è vicina allo zero, ma quella magica frase era comprensibile :

QUESTO E' IL SEGRETO DI DIO.
QUESTA E' LA LEGGE DI DIO.
ESSA E' REGOLA E MISURA DI TUTTO L'UNIVERSO, DALLA STELLA PIU' GRANDE ALL'ATOMO PIU' PICCOLO.
QUESTA E' LA PROVA DELL'ESISTENZA DI DIO.

Incredibile !
C'ero riuscito !
Ero arrivato sulla vetta !
Ora capivo cosa doveva aver provato Sir Edmund Hillary, quando piantò la sua piccozza sulla cima dell'Everest.
In frazioni di secondo, nella mia mente scorsero mille scenari futuri : il mio capo che stracciava la mia lettera di licenziamento e se la mangiava, i miei colleghi che mi applaudivano, il mio amico esperto di arte che mi pagava dieci cene in quel principesco ristorante, la mia fidanzata che mi chiedeva perdono, inginocchiandosi davanti a me. E via dicendo. In quelle frazioni di secondo non mancarono fotogrammi di fama, gloria. E soldi.
Tutto questo, però, molto futuro . E molto incerto, come ebbi poi occasione di comprendere.

Feci ogni sforzo per tornare in me , per controllarmi.

Ma ecco un'altra violenta tentazione, un impulso quasi incontrollabile. Stavo continuando a camminare su quel sottile filo mentale. Però stavo per cadere dal lato sbagliato . La parte più cattiva di me stava avendo il sopravvento: avrei arraffato quel libro e me lo sarei nascosto sotto la giacca.

Poi, guardai verso l'alto, non saprei se per cercare l' impossibile assenso di Dio o per vedere se c'era qualcuno che mi stava osservando.

E infatti , c'era chi mi stava osservando.

Erano lì. Almeno tre telecamere ad alta definizione, che sembravano dirmi : << Cucù ! Eccoci qua , tutte per te ! Dai, fai pure ! Prendi quel cavolo di libro ! Avanti ! Così, dopo, ci facciamo tutti quattro risate ! >>

Mi immaginai il Dobermann, con alcuni suoi validi amici, piombare come un razzo qui giù, in cantina, e poi, dopo avermi schiaffeggiato, dirmi frasi tipo :

<<Bravissimo ! Lei è il più grande deficiente della Storia dell'Uomo!>>

Cercai di calmarmi.

Ma certo ! Ecco la soluzione !

Avevo il telefonino con me. Avrei fatto velocemente le foto di tutte le pagine.

Il tempo stava scorrendo inesorabile. L'ora a mia disposizione era quasi terminata.

Dovevo sbrigarmi.

Una , due, tre , quattro ....erano venticinque pagine.

Mentre eseguivo l'ultima fotografia, il rumore, pauroso e sinistro, del cancello che si stava aprendo mi annunciò che il tempo era finito.

Riposi con calma i volumi di fra' Pacioli e di Leonardo Fibonacci. E

salutai il Libro del Teorema
Segreto.
Non mancai di fare un cenno alle
povere telecamere,che mi guarda-
rono,profondamente deluse .
Indi, salutai l' agente:
<<Arrivederci,molto gentile,grazie,
signora guardia>>
La risposta fu estremamente
cordiale :
<<Ah.....Vada, l'uscita è là !>>.
Il tipico, tradizionale saluto nel
mondo delle guardie.

Risalii le strette scale.
Poi, il lungo corridoio.
Infine, il massiccio, severo portale si
chiuse alle mie spalle.
Veloce corsa verso casa. Non c'era
tempo da perdere.
Arrivato, trasferii le foto dal
telefono al computer e impostai la
stampa.

Fremevo dal desiderio di leggere quelle pagine. Lì, era racchiuso il destino dell'Uomo, la Verità, le Risposte ad eterne domande .
Forse.
Era ciò che speravo con tutto me stesso. Ed avevo fede.
E quindi, armato di Speranze e Fede, esaminai il carteggio .Tra me e le Risposte che cercavo si manifestò un primo , consistente ostacolo : la traduzione dal latino.
Altra corsa sino alla più vicina libreria.
Ecco un corposo dizionario latino/italiano.
Corsa in senso inverso .
Blocco di carta e penna . Poi iniziai a tradurre.

OBEDIENS DISCIPULUS ! IN HOC LIBELLO POTES INVENIRE SACRA THEOREMA, SED PARTEM TANTUM, SI MENS TUA PRAESTA EST AD BENE, SED DESCENDET AD IMUM, TU POTES ASCENDERE AD SUMMUM, SE TRES VIRTUTES OBTEMPERE , POTES CAPERE.

"Tu , obbediente discepolo ! in questo libro potrai trovare il Sacro Teorema, ma ne sarai parte solo se la tua mente si presta al Bene .Solo se scenderai verso il Basso, potrai salire verso la Cima. Solo se rispetterai le tre Virtù, potrai capire ".

"Si ,potrò capire, forse, ma per ora non capisco un piffero", pensai.

Avanti con la traduzione e la lettura.

HIC EST SACRA LEX DEI :
HABES TRIUM PUNCTORUM : A, B, C
MAXIMUM INTERVALLUM EST INTER 'A' ET 'C'
MINIMUM INTERVALLUM EST INTER 'B' ET 'C'
MEDIUM INTERVALLUM EST INTER 'A' ET 'B'
SED SPATIUM INTER 'B' ET 'C' I EST,
SPATIUM INTER A ET B   I,VI-I-VIII EST.............

Tradussi così :
"Questa è la Sacra Legge di Dio.
Hai tre punti : a, b, c.

Il massimo spazio è tra A e C.
Il minimo spazio è tra B e C.
Lo spazio medio è tra A e B.
Se lo spazio tra B e C è pari a 1,
lo spazio tra A e B è 1,618.
Questo è il numero della Perfezione,
della Bellezza, dell'Armonia, della
Simmetria, dell'Amore Assoluto."

Avevo trovato il Segreto di Dio !

Stavo cominciando a comprendere.
Quel numero, secondo l'anonimo
autore, doveva rappresentare il
legame armonioso che unisce tutto
il Creato, e ogni elemento che lo
compone, con il suo Creatore. E
ogni elemento , onde rifletterne la
Bellezza , doveva contenere e avere
relazione con quel numero.
Proseguii assolutamente con la
lettura.

ANATOMIA HUMANI CORPORIS

OBSERVA DISTANTIA INTER FRONTEM ET
MENTUM........

"Anatomia del corpo umano

Osserva la distanza tra la fronte e il mento.
Massima è la distanza tra la fronte e il mento. Media è la distanza tra la fronte e il naso. Minima è la distanza tra il naso e il mento.
1,618 sarà la relazione tra la fronte e il naso, rispetto a 1 tra il naso e il mento.
1,618 è la perfetta Armonia.
Osserva la distanza tra la spalla e la punta delle dita.
Massima è la distanza tra essi.
Media è la distanza tra la spalla e il gomito.
Minima sarà la distanza tra gomito e la cima delle dita.

Sia 1 la distanza tra gomito e dita.
Deve essere 1,618 la distanza tra spalla e gomito.
1,618 è il numero della Bellezza. E' il numero di Dio..."

C'erano altri casi ed esperienze sul corpo umano. Mi colpì in particolare una situazione che l'ignoto, sagace autore illustrava.

FEMINA PULCHRITUDO

OBSERVA MULIER.....

"La bellezza femminile

Osserva la donna.
Sia la misura di 1 , presa alla circonferenza dell'ombelico.
La relazione con il suo seno sarà 1,618 . Questa è la regola della Bellezza...."
Tradotto in centimetri ,avrebbe potuto essere 97 di seno, 60 di vita.

Aveva ragione lui. Mi sentivo istintivamente attratto da quelle misure.

Non c'era bisogno di esperienze verificate materialmente, tipo fermare una signorina per strada armato di metro da sarto (anche perché , in quel caso, ritengo avrei ricevuto, unitamente ad un cortese diniego, un penetrante calcio in una parte tra le più importanti e delicate del mio corpo)

Mi concentrai ancor più nella coinvolgente lettura.

FOLIA, FLORES, FRUCTUS

OBSERVA FLORES HELIANTUS, ET FRUCTUS PINEUS.....

. " Foglie, fiori, frutta.
Osserva i fiori di girasole e il frutto del pino.
Nell'interno dei fiori di girasole , le stame sono disposte a spirale. La

somma degli elementi delle ultime due spirali è in rapporto di 1,618 con quella precedente.

Gli elementi di una pigna sono disposti a spirale: la somma degli elementi delle ultime due spirali è in rapporto di 1,618 con il precedente.

Taglia una mela a metà.

I semi al centro delle mela formeranno una stella a cinque punte. Il lato e la base di ciascun triangolo inseribile nelle stelle ,sono in rapporto di 1,618 tra loro.

Il rapporto tra foglie nuove e foglie vecchie di una pianta sarà 1,618...."

ANIMALIS

OBSERVA   FEMINA QUANTITATE APICIUS RELATIO MASCULUS APICIUS....

"Animali
Osserva la quantità delle femmine delle api in relazione ai maschi delle api.

*Il loro rapporto è 1,618.
Osserva la spirale di una conchiglia.
La somma degli ultimi due elementi
che la compongono è in rapporto di
1,618 con il precedente....."*

DISCIPULUS !
NUMERUS DEI   I,VI-I-VIII INVENIES IN
CONSTRUCTIONE TEMPLI, IN CONSTRUCTIONE
PIRAMIDIS, IN PICTURA, UBI LEONARDO DA
VINCI FUIT MAGISTER,IN SCULPTURA, IN
ARCHITECTURA, UBI ABBAS LUCA PACIOLI
ERAT MAGISTER,
IN POESI, IN MUSICA, IN MATHEMATICIS, UBI
ERAT DOMINUS LEONARDO FIBONACCI.
REPERIO NUMERUS IN QUOQUAM TE
QUAERERE PERFECTI, ET PULCHIRITUDINE, ET
CONCORDIA.
SED UTI SCIENTIA ET POTENTIA, QUOD DEDI
AT TE, SOLO IN RECTA VIA TRES VIRTUTES
QUAS DEUS TE DOCUIT.

*" Discepolo ! Troverai il numero di
Dio 1,618 nella costruzione delle
Cattedrali, nella Costruzione delle
Piramidi, nella pittura, dove fu
maestro Leonardo da Vinci, nella
scultura, nella architettura, dove fu
maestro frate Luca Pacioli, nella*

matematica, dove fu maestro Leonardo Fibonacci.

Lo troverai dovunque cerchi la Perfezione, la Bellezza, l'Armonia.

Ma usa la conoscenza e il potere che ti ho dato, solamente insieme alle tre virtù che Dio ti ha dato "

Avevo terminato la lettura.

Ora , finalmente, capivo perché i volti e le figure dipinte da Leonardo da Vinci, e da altri grandi pittori come lui, mi attraevano istintivamente. Leonardo aveva disegnato utilizzando linee e geometrie in armonia con quel numero.

Mi ricordai che Leonardo Fibonacci era l'autore posto nel sotterraneo della biblioteca accanto al libro che avevo appena tradotto.

Era un matematico del 1200. Avrei studiato meglio il suo lavoro.

Tremavo per l'emozione.

Avevo trovato la prova dell'esistenza di Dio ?

Io ne ero sicuro, ma ero altrettanto sicuro che agnostici e atei di varia tendenza avrebbero trovato il modo di confutare questa tesi.

Immaginai una loro possibile risposta : la materia , la Natura e, con essa , tutti gli esseri viventi , semplicemente avevano in qualche modo adattato la loro struttura evolutiva a quello schema numerico per comodità o per utilità funzionale al miglioramento della loro specie o dei loro componenti, non per intervento divino.

In nome della umana razionalità, avrebbero rifiutato qualunque spiegazione non razionale, di quella relazione numerica così misteriosa e inspiegabile, eppure così reale e concreta.

Comunque , una cosa era indiscutibile : dopo quasi dodici ore di traduzione dal latino all'italiano, avevo un sonno non misurabile da mente umana.

Deposi le stanche membra sul freddo giaciglio e persi i sensi.

La malefica sveglia, incurante di ogni e qualunque legge o relazione divina, mi urlò, insensibile , nelle orecchie : quella mattina avrei dovuto stabilire un nuovo record.

Arrivai sul posto di lavoro allo scoccare dei rintocchi, tipo Cenerentola.

Il mio capo fischiettava, sardonico, usando ritmicamente la lettera di licenziamento come rinfrescante ventaglio.

Però, ancora una volta, dovette riporla in tasca.

Dunque, come vi dicevo, mi ritenevo arrivato sulla vetta. Anzi, sulla cima della vetta.
Il passo successivo doveva riguardare l'utilizzo pratico, concreto di quella relazione numerica.

Fu inevitabile pensare di sfruttarla in campo medico, considerando che era il mio mestiere.

Un farmaco universale capace di guarire tutte le malattie ?

Avrei avuto non uno, ma vari premi Nobel : per la Medicina, per la Fisica, per la Pace. O magari avrebbero istituito un nuovo premio per me.

Fantasticai sulle possibili prime pagine dei giornali :" Nostro concittadino insignito del Premio Nobel per Tutto ".

Allontanai con difficoltà quei pensieri, e tra una confezione di un anti-tarmico e un'altra, cominciai a pensare a qualche possibile formula medicamentosa.

Dopo qualche settimana, avevo una soluzione teorica .

L'idea mi venne leggendo una rivista scientifica. Mi ritrovai nuovamente di fronte il matematico Fibonacci e la sequenza numerica che porta il suo nome. E che era legata al numero 1,618.

Poteva funzionare.

Ma dalla teoria alla pratica c'è di mezzo il mare, come dice un proverbio (forse non dice proprio così).

Dovevo testare l'idea. Dovevo passare agli esperimenti.

Era necessario convincere i dirigenti della mia azienda.

In questo caso, l'aiuto di Dio non era necessario . Era indispensabile.

E Lui non me lo fece mancare.

Chiesi un appuntamento .

Il mio principale era chino, pensoso sulla scrivania, come intento a prendere decisioni tra le più fatali per il Pianeta Terra (più facilmente, era probabile che si fosse arenato cercando di risolvere un cruciverba)

<<Buongiorno....>> esordii sorridente.

<<Oh , mi dica...Ha forse deciso di licenziarsi ? Di cambiare mestiere ? Ma certo ! Mi sembra un'ottima idea ! >>

<<No, signore... ho studiato un farmaco di nuova concezione, che ritengo possa essere utile. Alla nostra azienda e ai malati.. Vorrei avere la possibilità di effettuare qualche test su cavie animali..>>

<<Perché ? Perché vuol procurare sofferenza inutili a quei poveri animaletti ? >>

<<Signore, non voglio fare loro del male . Voglio guarirli >>

<<Ah si ?! E con che cosa li vuole guarire ? Con un purgante ? O un digestivo ?>>

<<No, signore...li voglio guarire da tutte le malattie esistenti sulla Terra>>

Il mio capo, rise, molto divertito

<<Chi ?! Lei ? Lei vuole far guarire qualcuno ? Lei, il dipendente meno produttivo di tutta la Storia Umana? Sta scherzando, vero ?
Oggi sta provando con me le sue potenzialità future come attore comico. Mi dica che è così >>
<<No, signore. Non è così >>
<<Ah...E mi permetta...a grandi linee, quale sarebbe la composizione di questo farmaco miracoloso ?>>
<<Al momento preferirei non fornirle dettagli. Ho ancora alcuni dubbi. Voglio prima verificare il risultato degli esperimenti , se mi sarà concesso>>.
La cosa lo indispettì, se mai ce ne fosse stato bisogno.
Stette in silenzio lungamente, forse valutando come guadagnarci qualcosa se tutto avesse funzionato a dovere, e come scaricare ogni responsabilità se l'esito non fosse stato positivo.

Infine , emise il suo verdetto.

<<Non so per quale motivo...forse perché in fondo lei mi è simpatico, ho deciso di assecondarla.

Le consentirò di condurre i suoi esperimenti.

Ma tutto questo, per un mese a partire da ora.

Al termine del quale lei riprenderà il suo solito lavoro. Sempre che nel frattempo non mi dia una buona giustificazione per licenziarla.

Ricordi : un mese !

Ora può andare >>

*I*niziai a combinare le molecole.

Avevo chiaro, lo schema da seguire.
Il preparato doveva avere un
componente principale, dosato
secondo un certo metodo e a
seconda della malattia da
affrontare.

Tenni nascosta a tutti la formula, le quantità, i contenuti.

Se dovevo essere sbattuto fuori, almeno nessuno avrebbe sfruttato il mio lavoro.

Dopo una settimana, avevo una dose .

La cavia era abbastanza magra, sofferente, il pelo arruffato .

Probabili problemi respiratori.

Mi guardò estremamente turbata.

<<Stai tranquilla ..>> le dissi, <<peggio di così non potresti stare..Non ti voglio fare del male. Almeno lo spero tanto>>

Dopo 24 ore , era completamente guarita e saltava allegra da una parte all'altra della gabbia.

Secondo tentativo.

Quell'animaletto era destinato velocemente alla tomba. Era ridotto male. Problemi di stomaco.

Ci vollero 48 ore e due dosi. Ma anch'essa guarì completamente.
Terzo tentativo. Tutto bene.
E così il quarto , il quinto, il sesto , il settimo esperimento.

Incredibile.
Non uno degli animali peggiorò il suo stato di salute.
Per alcuni, fu necessario utilizzare più dosi e procedure più laboriose.
Ma infine tutti gli animali ammalati guarirono.

Il mese trascorse.
Venni convocato nell'ufficio del capo.
Le sue parole furono partecipate, ricche di pathos, commoventi :
<<Lei ha indovinato un numero secco al Lotto. Tutto qui.
Ma non canti vittoria.
La Fortuna cambia spesso rotta.

Magari verrà fuori che lei ha copiato la formula da qualcuno.
Avanti, me la illustri in dettaglio>>
<<No, signore. Non ho certezze circa l'affidabilità dei risultati.
Come ha detto lei, potrebbe essere solo questione di fortuna. Per cui, prima di divulgarne il contenuto, vorrei proseguire gli esperimenti.
Ma vorrei anche che mi concedesse un budget finanziario, del capitale da investire in attrezzature, prove, verifiche, controlli. Ed anche del personale qualificato che mi possa assistere.>>
La risposta fu di inaspettata disponibilità.
<<Va bene.
Le concederò quello che mi ha chiesto.
Non mi deluda. E non mi faccia pentire di questa decisione.>>
<<Ci proverò, signore. Grazie>>

Gli esperimenti proseguirono.
Questa volta usai alcuni esemplari di scimmie. Vale a dire, ciò che , nel mondo degli animali , si avvicinava di più all'Uomo.

Anche in questo caso i risultati furono positivi e incoraggianti.

Mi ero autocollocato da tempo sulla cima del mio Everest personale.

Ma, come tutti gli alpinisti ben sanno, raggiungere una ambìta cima non significa passarvi tutto il resto della vita. Né trasferirsi da lì direttamente ad una cima più alta.

Che non c'è, essendo, come detto, arrivati sul proprio Everest.

Anche sir Edmund Hillary, ad un certo punto, dovette discendere dal suo monte preferito.

Il problema di una discesa è che si può sbagliare discesa. Si prende una via troppo rischiosa, oppure si commettono errori nel dosare i passi. O si incontra brutto tempo.

Oppure si è talmente presuntuosi, avidi o vanitosi o ambiziosi che non ci si cura adeguatamente del proprio comportamento e delle sue conseguenze per sé stessi e per gli altri.

E questo è il mio caso.

Tutto accadde in fretta. Troppo in fretta. E' l'unica giustificazione che mi concedo.

Qualcuno del mio staff violò il segreto professionale e, pur non conoscendo le specifiche della formula (che tenevo ben nascoste) divulgò la notizia in internet.

"Scoperta una medicina miracolosa". L'eco mediatica si propagò rapidamente.

Da quel momento in poi la mia vita fu un'altra vita. Lontana anni-luce dalla vita precedente. E fu l'inizio della fine.

"*Beati gli umili, perché erediteranno la Terra* ".
Così aveva detto Gesù.
Io non ero umile . Ma mi sentivo molto umiliato. Da tutti. Dal capo, dai colleghi, dagli amici o presunti tali, dalla fidanzata, dal mondo intero.

Una visione apocalittica, non rispondente al vero ? Può essere.

In ogni caso , diedi per scontato che il significato lessicale della parola "umile" fosse il medesimo della parola "umiliato".

Per cui , mi sentivo pronto a ereditare la Terra.

Colsi la palla al balzo e concessi interviste a raffica ai più disparati giornalisti.

In genere , le domande che mi venivano poste erano assai interessanti e avvincenti , tipo

"Che cosa si prova a essere famosi?", oppure "Cosa farà dei tanti soldi che guadagnerà?", ma anche "Quando rivelerà la formula del farmaco miracoloso ?".

Malgrado tutto, una residua , microscopica voce dentro il mio cervello mi diceva di essere prudente. Non volevo deludere le attese, e nel contempo non me la sentivo di dare certezze al Mondo quando io stesso non ne avevo a sufficienza.

Per cui , rimandai il momento della divulgazione e iniziai gli esperimenti su volontari.

Non tutte le risultanze furono positive, ma nella massima parte dei casi avvenne la guarigione.

I buoni esiti furono amplificati a dismisura : il pubblico voleva risposte favorevoli e l'onda mediatica seguiva il vento del desiderio popolare, dilatandolo.

Accadde un po' come quando il pescatore "standard" racconta di una sua buona cattura . Ogni volta che egli ripete il racconto ,il pesce catturato cresce di dieci centimetri e di mezzo chilo. Così anche le guarigioni crescevano esponenzialmente.

Non feci nulla per delimitare il fenomeno. Anche perché non avrei saputo come fare.

Dopo le interviste, i giornali, la televisione , internet, fu il turno della politica.

Eravamo vicini alle elezioni.

I rappresentanti di tutti gli schieramenti intendevano applicare il fondamentale principio di accogliere tra le loro file " persone eminenti che provenivano dalla società civile ", che, tradotto, significava : "vogliamo candidare gente che porti dei voti, qualunque cosa faccia o dica".

Per cui, i rappresentanti di una parte mi apprezzavano "per l'altissimo , fermo, vibrante senso del dovere dimostrato nel corso degli anni, e la fama e l'onore prestati all'immagine della Nazione".

Quelli dell'altra parte mi volevano "per l'altissimo, fermo , vibrante sforzo perpetrato nella lotta a favore del popolo sofferente ".

Una diversa forza politica approvava la mia " altissima, ferma, vibrante capacità di mediare tra le multiformi esigenze della società ".

Poi vi erano i Contestari, che sottolineavano la mia" capacità di rompere " (non so che cosa), gli Alternativi che stimavano "la forza con cui andavo contro" gli ostacoli e la ricerca di percorsi alternativi" (appunto), il Partito Prossimi alla Pensione (in quanto futuro, potenziale pensionato), il Partito Disoccupati Stabili ,al motto di "lavorare meno, (possibilmente pochissimo), lavorare tutti". Poi c'era il Partito di Lotta All'Evasione, che desiderava iscrivermi prevedendo un mio impegno nel pagare puntualmente le tasse dovute, e il Partito di Lotta Per l'Evasione, che mi apprezzava ritenendo che , probabilmente, mi sarei categoricamente rifiutato di emettere ricevute, fatture, scontrini al pagamento delle visite.

Ascoltai con fattivo interesse tutte le più diverse aspettative. Infine rilasciai un comunicato, in cui , pur ringraziando tutti per le offerte propostemi, dichiaravo che ,al momento, non mi sarei candidato, ma che, in futuro, avrei valutato la possibilità di creare un mio partito, grazie al quale sarei stato il Presidente di tutti, avrei creato sette milioni di posti di lavoro, avrei abbassato le tasse, avrei aumentato le pensioni, avrei eliminato la criminalità, non avrei mandato in galera nessuno. Inoltre (tanto per gradire) avrei concesso il reddito di cittadinanza,il reddito di inclusione, il reddito di disoccupazione, il reddito di uguaglianza, il reddito di affiliazione (per i figli) , nonché il reddito di sopportazione (per i genitori).

Questo sobrio, modesto comunicato venne accolto da tutte le forze politiche con la più ampia convergenza, e tutti approvarono vivamente le meditate parole prive di vuote promesse, ma bensì dense di solida e rigorosa concretezza.

Quindi, avevo la strada spianata come futuro leader politico.

In conclusione, alla faccia di sir Edmund Hillary, non mi pareva di star discendendo dal mio Everest personale. Tutt'altro : mi vedevo salire ancora più in alto.

E, considerando che ero sulla cresta dell'onda, perché non prestare il mio volto per qualche proficuo messaggio pubblicitario ?

Il creativo esperto di marketing che mi offrì il contratto , mi illustrò anche la sua idea di reclame :

<< Abbiamo studiato uno spot pacato ma incisivo. Al suono di un pezzo di musica classica, lei entra in scena , in mutande. La ripresa è al rallentatore, per creare un clima estremamente emotivo e coinvolgente. A quel punto, lei spiccherà il volo, aprendosi poi in una spaccata a gambe distese. Poi , con un sorriso a 32 denti, attiverà una immediata corrente di feeling tra lei e l'utente medio, declamando nel contempo l'intensa frase :" Prendi ! E' per te!". E mostrerà il prodotto. Il target, soprattutto giovane e femminile, impazzirà. Ma non sarà sgradito al pubblico maschile.
Dobbiamo colpire, indurre, interessare.
Come le sembra ?>>

<<Sa', partendo dal presupposto che non si tratta di un profumo ma di un antidiarreico,riterrei opportuna qualche piccola modifica>>

Alla fine , riuscii a convincerlo .
La telecamera mi inquadrava mentre pronunciavo le fatali parole:
"CONTRO IL MAL DI STOMACO USATE QUESTO PRODOTTO"
E a quel punto mostravo,sorridente, la confezione delle famose pillole NODOLORESDEPANZ.

"E' UN PRODOTTO ECCEZIONALE.
VE LO DICE UNO CHE HA INVENTATO IL FARMACO MIRACOLOSO"

Chiudevo così il rassicurante messaggio, stra-sorridente, e comunicando notevole fiducia all'utenza in difficoltà con il proprio apparato digerente.

Un successone.
Farmacie prese d'assalto.
E soldi.
Tanti soldi.
"Beati gli umili? ".
Certo.
Però , che male c'era ad avere il conto in banca un po' più effervescente ?

*T*utto era meraviglioso.

Avevo fama , soldi, apprezzamenti, gloria.
I risultati degli esperimenti erano sì positivi, ma non concordemente né totalmente positivi.

Però , il Mondo dava per acquisito che il Farmaco poteva guarire tutto e tutti.

E considerando che quella era convinzione generale, cominciai a valutare qualche modifica nella procedura : perché non risparmiare sul costoso personale, sulle costose prove tecniche, nonché sulla costosa preparazione del prodotto, onde accantonare qualcosa in più , in previsione di tempi peggiori ?

Perché non guadagnare un tot al quadrato, invece di guadagnare un semplice tot ?

D'altra parte tutti i moderni manager seguivano queste regole. Solo io dovevo attenermi ad antiquati, fastidiosi princìpi di etica morale e professionale ?

Con quella decisione, salutai inconsapevolmente la vetta del mio Everest e iniziai il primo passo di una fatale discesa.

Il secondo passo fu più elettrizzante. Un gruppo di ferventi animalisti si accampò davanti ai nostri laboratori, al grido di " Basta usare le cavie come cavie ".

Dopo un confronto franco ma sincero, il loro impeto ideale si affievolì quando riuscii a far loro capire che , nel momento in cui essi si inforchettavano un bel pollo arrosto a pranzo e a cena, stavano compiendo il medesimo assassinio di chi usava le necessarie cavie (poveri animaletti) per esperimenti scientifici.

Più complicato fu anestetizzare un gruppo di Oppositori, avversi alla Medicina Canonica. Per intendersi, quelli che non vogliono far vaccinare i figli perché non intendono dare soldi alle multinazionali farmaceutiche, colpevoli di gravi complotti .

In qualche modo , feci loro comprendere che il mio farmaco non sarebbe stato reso obbligatorio.

Una forte resistenza si materializzò da parte degli Antagonisti Contrari al Sovraffollamento.

Grazie al mio farmaco, secondo loro, il Mondo , nel giro di pochi anni, si sarebbe intasato.

Essi prefiguravano angosciosi scenari : trenta miliardi di abitanti che dormivano sui tetti , nei giardini, nelle corsie autostradali.

Orrendo!

Ciò avrebbe impedito, a coloro che andavano in ferie, di apprezzare pienamente quelle stupende code d'Agosto. Oppure quelle riflessive attese ai caselli , durante i ponti delle festività.

Dissi loro che era un timore infondato : prima o poi la gente si sarebbe recata nell'aldilà lo stesso, magari a causa di un vaso caduto da un balcone. Oppure, grazie al fenomeno del " proiettile vagante", quella strana, misteriosa situazione in cui uno, incensurato , viene centrato in pieno da un proiettile che in quel momento girovagava da quelle parti.

E quindi non era il caso che essi si preoccupassero così tanto.

Poi venne il turno dei Pacifisti, i quali , proprio in virtù del sovraffollamento e del venir meno dello spazio vitale per l'individuo, prevedevano bombardamenti a tappeto sugli esseri umani ritenuti in eccesso.

Intravvidi qualche difficoltà nel confutare quella asserzione: guerre, risse, tafferugli, botte da orbi avvenivano già nell'attualità, per

motivazioni molto meno fondate.
Ma in qualche modo placai le loro
ansie, richiamandoli alla doverosa
fiducia verso il progresso umano.

Comunque, tutte queste situazioni di
crisi erano episodi circoscritti ,che
non avevano portato gravi
conseguenze.

Sino a quel giorno.

Ero stanco morto, dopo aver partecipato all'ennesima conferenza, cui era seguito un avvincente convegno sul tema " Raffreddore e tosse : che dire ?"

Attraversai velocemente il giardino, con il radar mentale puntato sul letto.

Inconsciamente , avvertii qualcosa di anomalo.

In ogni scenario, vi sono elementi che il nostro occhio non percepisce immediatamente, ma che il nostro cervello ,in qualche modo analizza e restituisce in attimi successivi, avvertendoci di un eventuale cambiamento.

Qualcosa non era dove doveva essere.

Forse una fioriera mossa o spostata. O la sedia ? Il tavolo di vimini ?

Cauto, entrai in casa.

Nessun rumore.

Accesi le luci.

Qualcuno era entrato. E non si era preoccupato minimamente di nascondere la sua presenza.

Cassetti gettati sul pavimento.

Scaffali svuotati. Libri sparsi qua e là.

La scrivania rovesciata.

Lentamente attraversai tutte le stanze.

L'armadio divelto dal suo supporto.

Tavoli e sedie accantonate.

Non erano stati rubati quei pochi oggetti di valore che possedevo : i quadri erano staccati dalle pareti ma le tele erano al loro posto. Le posate d'argento erano ancora tutte lì.

Non avevano rubato . Perché non volevano rubare.   Cercavano qualcosa.

Quel "qualcosa" non poteva che essere la formula.

Riflettei sull'accaduto. Interpretai che i visitatori non si erano limitati a mettere a soqquadro la casa. Avevano voluto inviarmi un messaggio , leggibile tra le righe di quella visita forzata: "possiamo venire a trovarti quando vogliamo".

Tutto era angosciante.

Avevo un misterioso nemico. Che forse in quel momento stava spiando le mie reazioni e il mio comportamento.
Chi poteva essere ?

Trascorsero due settimane. L'episodio non ebbe alcun seguito.
Avevo denunciato i fatti alla Polizia, ma dalle indagini non erano emersi particolari di rilievo, né indizi, né tracce.
Chi aveva agito, sapeva come muoversi.

Avevo quasi dimenticato, o voluto dimenticare, l'accaduto.
Gli esperimenti procedevano, con risultati soddisfacenti, anche se meno sensazionali di quanto auspicassi.
Ottenni, dalle autorità preposte, l'autorizzazione alla vendita del

farmaco per la cura di alcune patologie minori.

Le guarigioni furono numerose, non saprei se dovute a pura suggestione da parte dei pazienti, oppure perché il medicinale funzionava veramente.

Avevo imposto alla mia azienda una percentuale sulle vendite a mio favore, per cui stavo annegando nei soldi, non preoccupandomi per nulla riguardo ai casi con decorso infausto o insoddisfacente. Gli episodi favorevoli erano molto maggiori di quelli sfavorevoli.

Ciò che stava invece preoccupandomi era la stanchezza.

Ero spossato fisicamente e mentalmente.

Dentro me, stava facendosi largo a fatica un rimpianto, per ora fievole, della mia esistenza precedente, anonima, noiosa, mediocre, priva di

entusiastica euforia, nonché di soldi. Ma , in fondo, tranquilla.
Un filosofo latino non aveva teorizzato la " aurea mediocrità" come modello di vita?
La verità è che stavo scendendo dal mio Everest, velocemente.
E ne sarei sceso ancor di più, di lì a poco.

La telefonata arrivò a tarda sera, nel momento in cui stavo per assopirmi sul divano, dopo aver tentato inutilmente di raggiungere il letto.

<<Buonasera , dottore.. Come stà?>>

<<Buonasera. Con chi stò parlando?>>

<<Non ci conosciamo, dottore. Ma presto farà la nostra conoscenza.
Siamo suoi amici, sà ? Ci stiamo fortemente preoccupando della sua salute... Sappiamo quanto si senta stressato...
No, dottore, così non va bene...
Lei non si deve rovinare la salute...
Non è giusto ! Lei deve godere dei frutti della sua scoperta !
E noi vogliamo aiutarla ....
Siamo disposti a comprare la sua formula !>>

<<Signore, non so' chi sia lei o chi siate voi, ma sappia che la formula non è in vendita >>

<<Oh, non sia così impulsivo...Lei è troppo impetuoso.
Sia razionale. Guardi le cose con pacatezza. Lei è un uomo intelligente.....

Lei sa' che agitarsi fa molto male alla salute...

Potrebbe accadere che lei, solo in casa, abbia un mancamento...per esempio, urti il capo contro un oggetto solido e si faccia molto male...Naturalmente stò formulando un'ipotesi... infausta ma non impossibile... Potrebbe accadere, se lei rimane così irruento.. E se accadesse, addio gloria, fama, successo, soldi...

Immagini, invece ,un diverso finale.. un'isoletta nel Pacifico, all'ombra di fresche palme, con congrua compagnia femminile...

Ci pensi, dottore...

Ci risentiremo presto >>

Il rumore metallico che chiuse la telefonata ebbe, per me, l'effetto di uno sparo.

Quelle parole erano una minaccia.

Ben studiata, non manifesta, non perseguibile.
Ma erano una minaccia.
Non fu possibile rintracciare il numero di telefono del misterioso interlocutore. Quella era gente esperta.
Che cosa dovevo fare ?

*A*ltri giorni trascorsero.

Nuove autorizzazioni alla vendita.
Nuove patologie affrontabili.
Il farmaco rispondeva bene. Non benissimo.
La percentuale dei casi non guariti stava aumentando.

E siccome i guai , quando arrivano, di solito arrivano in gruppo,in quel momento la mia azienda dava sintomi chiari di volermi creare qualche difficoltà in più.

Fui convocato dal capo.
<<Si accomodi>>, esordì senza guardarmi.
Forse si sentiva colpevole di avermi umiliato per anni.
<<C'è un problema...>>.
Ecco,appunto. Sentivo la mancanza di un bel problema.
<<Mi dica, signore>>
<<La nostra azienda è stata comprata da una multinazionale. Una enorme multinazionale. E' gente che ha potere e con cui non è possibile confrontarsi.
Hanno deciso di tagliare le risorse ad alcune nostre produzioni.
La motivazione ufficiale è quella di efficentare i costi.

La mia impressione, non ufficiale, è che intendano allargare le loro quote di mercato , ai danni delle nostre, che evidentemente danno fastidio, per motivi che non conosco. Tra quei prodotti, come avrà immaginato , c'è il suo.

Me ne scuso con lei, ma mi hanno imposto di ridurle il budget finanziario e di ridurle il personale a sua disposizione. Dovremo risparmiare sulle prove tecniche, sulle verifiche, sulle materie prime disponibili.

Su tutto , insomma.>>

<<Perché , signore ? Tutto questo non mi sembra abbia una logica..>>

<<Ha ragione...non sò cosa risponderle...Ma purtroppo sono decisioni che subisco ...

Faccia del suo meglio...Lei è un uomo in gamba>>

Non riuscivo a capire.

Per quale motivo doveva essere tagliata la produzione di un farmaco richiestissimo dal pubblico?Tralasciando la valutazione della cosa dal punto di vista medico, ciò era contro ogni logica economica.

Era una situazione inspiegabile. Ma era quella la realtà . E dovevo adattarmi ad essa.

Sospettavo che la telefonata minatoria avesse a ché fare con la nuova proprietà. Ma, comunque fosse, non intendevo piegarmi alla arroganza di quella gente.

Avrei modificato la formula. Ne avrei salvaguardato il principio base, ma riducendo il numero delle cellule utilizzate.

Mantenendo il solito prezzo di vendita, avrei ridotto così i costi e avrei ampliato i guadagni, per me e per quella avida multinazionale.

Avrei avuto ancora più soldi. E magari i nuovi padroni mi avrebbero promosso, invece di manovrare per sottrarmi la formula.

Tarda sera.
Ero appollaiato sul divano, tormentato da mille pensieri.
Il ripetuto, monocromatico squillo del telefono, mi scosse.
<<Buonasera dottore...Come stà ? Meglio , spero...>>
<<Buonasera...se lei mi chiamo ancora, denuncerò lei e i suoi padroni ...>>
<<Oh, ma che cattivo....Noi ci preoccupiamo della sua salute e lei ci minaccia...
Sappiamo che il suo diretto superiore la stà mettendo in difficoltà..
Ci pensi...Questo è il momento ideale per rinunciare.

La colpa del fallimento non sarà sua. Sarà di quel malvagio del suo capo che le ha tagliato i fondi.

Una bella lettera di dimissioni e via...

Noi la aiuteremo con un consistente assegno...Naturalmente in cambio della sua formula.

Ci rifletta.

Buona sera, dottore >>

Il silenzio tornò a dominare la stanza.

Mi sforzai di essere razionale.

Quella era una conferma che dietro l'ignoto telefonista c'era la nuova proprietà.

D ovevo capire.

Chiesi un colloquio con il nuovo presidente del consiglio di amministrazione.
Mi fu concesso, dopo giorni di inutile attesa.

<<Buongiorno, signore>>

<<Buongiorno a lei....Finalmente ci conosciamo.

Dunque è lei lo scopritore del nuovo, rivoluzionario medicinale...Rivoluzionario , ma non sempre o non del tutto efficace, pare>>

<<Le percentuali di guarigione sono molto elevate, signore>>

<<Sono elevate , ma non come lei vorrebbe far credere. Leggo le statistiche quanto lei>>

<<Molto più elevate di qualsiasi farmaco che produciamo,signore>>

<<Mi pare di capire che noi due non abbiamo in comune la medesima visione del problema, dottore. Mi dica cosa desidera da me>>

<<Signore, mi risulta che le sue ultime direttive implichino una forte riduzione dell'impegno finanziario della nostra azienda , verso il farmaco di mia ideazione.

Considerando che per esso abbiamo enormi richieste e quindi enormi ricavi, se me lo consente vorrei mi spiegasse i motivi di queste sue decisioni>>

<< Lei vuol sapere i motivi delle mie decisioni...Premesso che io non devo spiegarle proprio niente, voglio comunque accontentarla. In fondo lei mi è simpatico.

Le farò comprendere come funziona la cosa.

La multinazionale che dirigo, e di cui anche lei fa' parte, produce circa cinquemila farmaci diversi, oltre a migliaia di altri prodotti.

Ogni farmaco tratta una diversa malattia, o un diverso aspetto della stessa malattia.

Cosa pensa che possa accadere se veramente la sua è una medicina che potrà guarire tutto ?>>

<<Ritengo che gli altri farmaci non avrebbero più ragione di essere prodotti >>

<<Vede che lei è una persona intelligente ?

Quindi accadrebbe che guadagneremmo su un solo farmaco, e saremmo in perdita sugli altri 4999.Giusto ? >>

<<Si, signore. Così sembrerebbe>>

<<Dottore, la mia azienda, che per ora è anche la sua azienda, non si può permettere di perdere miliardi per guadagnare milioni.

Detto questo, non sono affatto sicuro che il suo farmaco funzioni come lei crede, e in realtà, se la conseguenza deve essere perdere miliardi non mi può fregare di meno che esso sia efficace o no. Per cui farò quanto in mio potere perché esso venga rifiutato dal mercato.

Se non erro, qualcuno le ha fatto una conveniente proposta. La consiglierei di accettare....

Per inciso, questo colloquio non è mai avvenuto, nell'ipotesi che lei voglia riferirne il contenuto a giornali o a televisioni, o , del tutto inutilmente, a qualche autorità di polizia.

Grazie a moderni rilevatori elettronici esistenti in questa stanza, so già che lei non ha con sé, registratori o altri apparati in grado di memorizzare questo colloquio.

E posso contare su almeno cinquanta amici disposti a testimoniare che io in questo momento sto partecipando ad una riunione dall'altro lato del mondo.

Sarebbe la mia parola contro la sua. La quale varrebbe niente.

Mi permetto di sconsigliarle qualunque azione in contrasto con quanto le sto dicendo. Passerebbe un bruttissimo quarto d'ora.

Accetti il consiglio che, amichevolmente, le è stato elargito. Ceda il brevetto del suo farmaco. Non abbiamo altro da dirci. Buongiorno, dottore>>

Mai concetti oscuri e angoscianti furono espressi più chiaramente. E le conseguenze cominciarono ad essere efficaci di lì a pochi giorni.

La campagna di stampa iniziò lentamente, con toni smorzati. Ma crebbe poi alacremente.

Un famoso editorialista citò in un suo articolo una fonte anonima, che gli aveva fornito dati segreti allarmanti , in cui si illustrava il completo fallimento del mio farmaco.

Era un documento falso, ma quel giornalista era famoso . E ogni sua parola era, più o meno, valutata come "oro colato".

Dopo quella pubblicazione, trascorsero alcuni giorni di silenzio mediatico.

Poi, in un servizio televisivo, fu trasmessa un'intervista ad un dirigente della mia azienda che aveva chiesto di rimanere anonimo, per timore di ritorsioni da parte mia.

Dichiarò che i casi clinici non risolti positivamente erano circa il dieci per cento. L'inchiesta fu confezionata in modo tale da esaltare vistosamente il numero di quei casi, evitando di sottolineare il restante novanta per cento. Cioè tutti quelli guariti. E non mancando di riferire che l'azienda si attendeva un incremento dei casi in cui il farmaco non sarebbe utile o addirittura sarebbe stato dannoso.

Così, il sasso, che finora aveva trattenuto la frana, era stato tolto. E tutto cominciò a scivolare . E poi a crollare.

Altre inchieste. Altri giornalisti emergenti : i "paladini" che si ergevano a difesa del pubblico ingenuo e truffato.
Però, dietro lauto compenso del mio presidente, come ebbi poi modo di sapere.

Per non restare attardati nella difesa del popolo oppresso, fu poi il turno dei politici.
Il portavoce di una parte politica convocò una urgente conferenza stampa, anticipando gli avversari.

<<Esprimiamo il nostro profondo disgusto, nonché la nostra viva, ferma, vibrante protesta per la disumana truffa perpetrata in danno del popolo sofferente.

Come i nostri amati elettori ben sanno, il nostro ideale è , da sempre, combattere la disonestà a tutti i livelli. I potenti non   ci fanno paura!>>

La seconda forza politica seguì ,con lievissimo   ritardo.Non   avrebbe potuto fare altrimenti.

<<Esprimiamo la nostra profonda esasperazione, nonché la nostra viva, ferma, vibrante protesta per l'indicibile danno perpetrato verso le povere famiglie indifese e verso la Nazione tutta.

Come i nostri amati elettori ben sanno, noi abbiamo sempre lottato e sempre lotteremo, per la difesa della famiglia e della Patria, dai criminali di ogni genere >>

Terzo al traguardo, l'ultimo importante partito avrebbe dovuto essere ancora più incisivo per ottenere qualche apprezzamento dall'elettorato .

<<Esprimiamo profonda indignazione, nonché una ferma, viva, vibrante protesta per il comportamento di scienziati che non meritano alcun rispetto e che provvederemo a denunciare alle autorità, presentandoci come "parte lesa" per conto dei poveri truffati.

Come i nostri amati elettori ben sanno, la moralità dei comportamenti è la base del nostro credo politico>>

Tutti questi personaggi erano gli stessi che mi avevano offerto candidature , poltrone, potere, gloria solo qualche mese prima.

Dopo la politica, fu il turno del mondo scientifico.

La loro reazioni si potevano riassumere con una frase :

<<Ve l'avevamo detto...E voi l'avete bevuta lo stesso >>

Terminata la fase di assestamento della frana, furono organizzati cortei di protesta e manifestazioni contro di me e la mia società.

La quale , per bocca del mio neo-presidente, si guardò bene dal prendere le mie difese.

<<Solo molto recentemente sono divenuto presidente di questa società, in seguito alla sua acquisizione da parte del mio gruppo industriale.

Avendo esaminato le carte, ho capito immediatamente che qualcosa di malvagio era stato compiuto da un dipendente infedele.

Ho, naturalmente interrotto la produzione del farmaco, in via cautelativa , e sospeso quel dipendente sino alla conclusione delle giuste e doverose indagini.
Ho però appurato che egli è l'unico responsabile dei fatti in questione,avendo agito a nostra insaputa>>

Fu così che minacciosi gruppi di manifestanti si stabilirono permanentemente davanti alla mia casa, nella attesa di vedermi uscire e di darmi una sistemata definitiva.
E dimenticando, volutamente o no, quel famoso 90 per cento di guarigioni.

Ieri sono finalmente riuscito a scavalcare, non visto, una finestra e a scappare.

E ora, sconfitto, umiliato, deluso, sono seduto su questa panchina, in attesa di prendere una decisione.

*E*ccola qua, la mia vita.

L'ho rivissuta tutta.
Sono davanti a questo odioso parapetto, che mi sta osservando impaziente da ore, su questo odioso ponte, sopra questo odioso fiume, che attraversa questa odiosa metropoli.

La notte ha perduto la sua battaglia con la luce.

Le strade, come vene di un corpo umano, portano nuova vita lungo la città, ancora incerta se destarsi o meno dal coma notturno.

Il silenzio mi ha tenuto compagnia, ma non mi ha aiutato a capire. Mi ha solo reso più triste e solo.

Meglio quindi ascoltare il rombo ripetitivo di qualche motore di auto, o l'irritato clacson di autobus o taxi.

Una persona sta percorrendo il ponte.

Cammina lentamente.

Sembra non avere fretta di andare al lavoro.

In questo mi somiglia.

Non ho alcuna voglia di rivedere colleghi, capi, presidenti, provette, cellule, pastiglie, e intrugli vari.

L'uomo si avvicina ancora di più.

Distinguo meglio le sue sembianze.

No!
Di nuovo ?!
Non sarà mica un altro "alternativo"?
Porta capelli lunghi e una barba fluente.
Però il suo modo di camminare induce a credere sia una persona serena, non affannata, né guardinga o timorosa di fare incontri che, immagino, per lui potrebbero essere sgradevoli , tipo carabinieri o polizia .

Ora posso osservare meglio i suoi abiti.
Non sono abiti costosi.
Porta una specie di tabarro o mantello.
Non sarà mica un componente delle tremende Brigate Inamovibili della Curva Sud ?

Gente che non scherza !
Orrendi gli insulti che essi lanciano
ai tifosi della squadra avversaria,
come ad esempio :" Figli di donne di
malaffare !", oppure " Frequentatori
di locali malfamati !" o anche "
Degustatori di grappe e
superalcolici !", e via discorrendo.

No . Non mi pare uno di loro.
In realtà non indossa un mantello.
Parrebbe più un saio.
E non porta costose calzature.
O meglio: non ha proprio scarpe.
Ha un paio di sandali.
Non avrà freddo ?

<<Buongiorno>>, esordisce lui.
<<Buongiorno a lei....guardi , mi
dispiace, ma non ho denaro con
me>>
<<Ma io non voglio la tua
elemosina. Io non ho necessità di
elemosina...

Mentre tu hai necessità di essere aiutato...Non è vero ?>>

<<Si....è vero...

Ma penso che lei non mi possa aiutare, signore...

Guardandola bene , e guardando i suoi vestiti, ritengo sia ridotto peggio di me....>>

<<L'abito non fa' il monaco, ha detto qualcuno>>

<<Lei mi sembra una persona educata e gentile, signore... che lavoro svolge ? Spaccia droga, mendica, contrabbanda, traffica, vende senza registratore di cassa?>>

<<Niente di tutto questo... Ti ho detto che non ho necessità...>>

<<Chi è lei, signore ? Non conosco il suo nome...la posso chiamare signore ?>>

<<Oh sì che mi puoi chiamare signore...anche perché io sono il Signore...>>

Forse ho capito male. Ma certo! Ho interpretato male le sue parole, considerando anche una certa sordità incipiente che mi sta affliggendo.

<<Mi scusi...lei, signore...sarebbe quel Signore ?...>>

<<Si, sono Lui >>.

Tutto questo è incredibile !

Stò parlando con un signore, che è il Signore !

No ! Non posso crederci !

<<Hai qualche difficoltà a credermi?>>

Non so cosa rispondere.

Se quel signore è veramente il Signore, si potrebbe offendere se gli dico quello che penso . Vale a dire che mi stà elargendo una delle più grandi balle, fandonie, frottole della Storia umana.

Lui comprende . E replica:

<<Può capitare...

*Molti non credono in me,
adducendo a sé stessi e agli altri i
più svariati motivi. Ma, soprattutto,
perché pensano che ,non avendo
fede, ci guadagnano qualcosa.*

*Sbagliano. Ma, come tu sai, io lascio
loro la libertà di decidere.*

Ma parliamo di altro.

Parliamo di te.

*So' che stai vivendo un momento
difficile.*

*Con i tuoi superiori, con i tuoi amici,
con la tua fidanzata, con i colleghi,
con il mondo intero . E con te stesso.*

*Pensi di risolvere i tuoi problemi
saltando questo parapetto ?*

Non è una soluzione.

*E' solo una rinuncia. E una
sconfitta.*

Pensi che il Mondo ti stia odiando ?

*Pensi che persone come il Presidente
della tua multinazionale, oppure
coloro che posseggono grandi*

ricchezze e grande potere siano più felici di te ?

E soprattutto, che siano più felici pur non meritandolo ?>>

<<E' così, Signore ...ma come fa' a sapere queste cose ?...Ah, già... lei è il Signore...se non le sa' lei, chi le dovrebbe sapere ?>>

<< Ti dico che quelle persone sono infelici quanto e più di te !

E' tutta gente che non trova pace !

Hanno 100 e vorrebbero 1000, hanno 1000 e vorrebbero 10000.

Naturalmente, quelle sono tutte persone che non mi cercano , alle quali, secondo la loro visione della vita, non servo.

Ma non sono né felici, né serene.

Ah, dimenticavo . Per inciso, riguardo al Presidente della tua Società...lui non lo sa' , ma tra qualche mese sarà licenziato. Perché i suoi padroni, gli azionisti, non sono contenti del guadagno che

fornisce loro. Te l'ho detto prima :
lui li sta' facendo guadagnare 100,
ma loro vogliono 1000.
A differenza di questa gente, tu mi
hai sempre cercato. Ma non nei
modi e nei luoghi giusti >>
<<Quindi, Signore,quel libro che
trovai,intitolato"Secretus Teorema",
era un falso, una burla, un
errore?>>
<<Quel libro era ed è verità. Ma si
tratta di verità relativa, non Verità
assoluta.
Esso è un bicchiere di acqua, che
può essere mezzo pieno o mezzo
vuoto, a seconda di come lo si
guardi>>
<<Mi scusi se insisto, Signore...
quindi mi pare di capire che Lei non
ha niente a chè vedere con il
numero 1,618 ?
Io ho fondato tutte le mie ricerche e
i miei esperimenti su quel numero,
ritenendo che esso fosse la soluzione

per ogni male. Che fosse la chiave che Dio diede agli uomini per arrivare sino a Lui....>>

<<E' una verità relativa.

Tu ha combinato cellule e molecole credendo nella sequenza numerica di messer Fibonacci, che dà come risultato 1,618.

Ma quella cifra non è un numero finito. Esso è un numero infinito, con milioni di decimali.

I tuoi calcoli erano sbagliati e giusti nello stesso tempo . Erano calcoli finiti, mentre Dio è Infinito.

Così come verità relativa è stata il tuo comportamento verso il denaro, il potere, la gloria.

Sono tutti strumenti finiti, parziali, incompleti. Nella migliore delle ipotesi si possono considerare dei mezzi, dei tramiti. Non sono e non potranno essere obiettivi finali.

Il Teorema Segreto che hai inseguito, e che cerchi ancora, non è dove tu lo hai cercato>>

Lo guardo. Lui , immagino, sa' quello che sto pensando, e perciò non attende la mia domanda.
<<Vuoi sapere il vero Teorema Segreto ?>>
<<Si, Signore, la prego ...>>
<<Conosci un certo Agostino ?>>
<<Non mi pare ,Signore ... forse era a scuola con me ? Non me lo ricordo...ma io non ho una gran memoria...Era mica uno con gli occhiali, piccolo ?>>
<<No...è un mio caro amico, nativo di Ippona, una città africana...
Viene chiamato comunemente Sant'Agostino...>>
<<Ah , sì...mi pare di averlo sentito nominare...>>

<<Bene...Ora lui, un giorno, parlando con i suoi amici, rivelò il segreto di Dio>>

<<Nooo...Davvero ? Ma guarda un po'...sa' che non lo sapevo ?>>

<<Disse: "Ama...e fa' ciò che vuoi". Questo è il "Secretus Theorema" , il Teorema Segreto di Dio.
Semplice, no ? >>

<<Si, Signore...>>

<<Mi dici "si, signore", ma non hai capito...>>

<<No, Signore...>>

<<Bene, te lo spiego meglio.
Ti dico che il segreto è amare tutto e tutti.
Ama il tuo lavoro, eseguilo con amore senza altri fini, per esempio soldi , carriera, potere, ambizione.
Ama il cielo, ama la luna, il sole, le piante, i fiori. Ama gli animali, ama il giorno, la notte, la sera. Ama le pietre, ama la sabbia. Ama il vento.
E soprattutto ama le persone.

Gli altri hanno bisogno del tuo amore, anche se tu non lo credi.
Agisci con amore . E per amore.
E tutte le porte si apriranno davanti a te.
Ora vieni.
Andiamo.
Ti accompagno a casa.
La Morte può attendere>>

Mentre quel signore, così gentile e intelligente , cammina accanto a me, provo a fare qualche telefonata.
Così, tanto per verificare se il segreto funziona veramente.
E se quel gran signore è veramente il Signore.
La mia fidanzata.
<<Pronto , cara ? Ti amo !>>
<<Oh, caro...Ti amo tanto anch'io..quando ci possiamo vedere?>>
<<Quando vuoi, cara ..>>
<<Domani andrebbe bene, caro ?>>

<<Si, cara..va benissimo..>>

Il mio amico esperto di arte.

<<Pronto,vecchio...Stai dormendo ?>>

<<No.. dimmi ..>>

<<Ti voglio bene>>

<<Ah si ? Ti voglio bene anch'io...

Quando ti piacerà , chiamami che andiamo a fare una cena. Ma questa volta pago io>>

Il mio capo.

<<Pronto, signore ? La chiamo per dirle che non la odio>>

<<Va bene... so' che sta' passando un brutto momento... colgo l'occasione per dirle che ho parlato col Presidente.

L'ho convinto ad annullare la sua sospensione dal lavoro.

Inoltre presenteremo una memoria difensiva per attestare che la maggior parte dei pazienti curati col suo metodo sono guariti.

Venga al lavoro quando se la sente..

Qui la amano e la stimano tutti.
Sentiamo tutti la sua mancanza.
Lei è un uomo in gamba>>

Funziona veramente !
E' bellissimo !

Caro ponte, ti amo ! Caro vecchio ,
buon parapetto , ti amo !
Caro fiume, care strade , vi amo !
Alternativi, vi amo !
Abitanti del Burundi , vi amo !
Alberi, fiori, cielo, nuvole !
Vi amo tanto !

Quel Signore è ancora vicino a me.
E sorride.
<<Tra poco non mi vedrai più.
Ma io sarò sempre accanto a te.
Cercami.Chiamami.E mi troverai>>

Lo amo.

E sono felice.

www.ingramcontent.com/pod-product-compliance
Lightning Source LLC
Chambersburg PA
CBHW081725220526
45468CB00008B/1973